Dieses Heft gehört:
Name: ....
Vorname: ....
Alter: .... Klasse: ....
Schule: ....
Lehrer/in: ....

Inhalt

und so sehe ich aus!

Zahlen erkennen

Lass eine Papp-Zahl aus der Umschlagseite hinten unter ein Tuch legen. Fühle, welche Zahl es ist – ohne zu spicken!

Zahlen im Nebel

Vervollständige die Zahlen.

Kannst du Zahlen schreiben,
auch wenn du auf dem Bauch liegst?
Male in einem Schwung die Zahlen von
0 bis 9 auf ein großes Zeichenpapier.

Buchstaben- und Zahlensuppe

Auf Wunsch der Kinder hat Papa Buchstabensuppe gekocht.
Fische die Zahlen aus dem Suppenteller.
Schreibe sie in richtiger Lage auf den Tellerrand.
Wer hat die meisten Zahlen gefischt?

Nimm deine Steckbausteine und lege 10 Stück der Reihe nach vor dich hin. Trage nun auf den Trikots der Sportler die fehlenden Nummern ein. Dabei nimmst du den entsprechenden Baustein aus der Reihe.

1. FC Wadenkicker beim Training

Zahlen klopfen

Die Tiere stehen der Reihe nach an und warten auf Futter. Zu jedem Tier gehört eine Zahl – klopfe mit dem Stift entsprechend oft auf den Tisch.
Lass deine Eltern raten, welches Tier gemeint ist.

Warteschlange

Jedes Tier hat seinen festen Platz in der Reihe. Ergänze die fehlenden Plätze. Sprich dazu laut: »Der Elefant ist das 1. Tier in der Warteschlange. Das Schwein ist das …«

Zählen bis 10

Deine Mutter oder dein Rechenpartner lässt genauso viele Bausteine hörbar in eine Dose fallen, wie die Speisen unten kosten sollen.
Du legst danach so viele Bausteine in eine Reihe, wie Münzen abgebildet sind.
Kannst du dich noch erinnern, wie oft es geklappert hat?
Weißt du, wie viele Bausteine fehlen?

Auf dem Sommerfest

Leckeres Essen gibt es hier! Wie viele Münzen fehlen jeweils, um die Speise zu bezahlen? Male sie hinzu und schreibe die Zahl in das Kästchen.

Es fehlen ☐ Münzen.

Es fehlen ☐ Münzen.

Es fehlen ☐ Münzen.

Es fehlen ☐ Münzen.

Es fehlen ☐ Münzen.

Es fehlen ☐ Münzen.

Ein Foto von Schnurri

Im Tierheim

Belindas Katze Schnurri ist entlaufen.
Belinda sucht sie im Tierheim.
Kannst du sie finden?

Wenn du Schnurri gefunden hast, schau dich um:

a) Wie viele Katzen sind im Heim?

b) Wie viele Hunde sind zu sehen?

c) Welche Tiere sind 3-mal vorhanden?

Trotz Schäfchenzählen musst du jetzt hellwach sein. Für die folgenden Aufgaben brauchst du deine Steckbausteine. Löse jede Aufgabe sorgfältig und lege mit den verschiedenfarbigen Bausteinen die Aufgaben nach.
Für jedes schwarze Schaf kannst du zum Beispiel einen blauen Stein, für jedes weiße Schaf einen weißen Stein nehmen.

Kunstwerke und Zählfragen

Lustige Herde

- Wie viele schwarze Schafe befinden sich in der Herde?
- Wie viele Schafe schauen nach rechts?
- Wie viele Schafe schauen nach links?
- Wie viele Schafe tragen Hörner?

Tiere im Garten

- Wie viele gelbe Schmetterlinge siehst du?
- Wie viele Schmetterlinge gibt es insgesamt?
- Wie viele Grashüpfer siehst du?
- Wie viele Ameisen kannst du entdecken?
- Wie viele Bienen sind im Bild?
- Nach welchem Tier wird nicht gefragt?

Kunstwerke und Zählfragen

Im Aquarium

- Wie viele Fische schwimmen nach rechts? ☐
- Wie viele Fische schwimmen nach links? ☐
- Wie viele Fische haben Streifen? ☐
- Wie viele Fische sind rot? ☐
- Was gehört nicht ins Aquarium? ☐

Mein Bild

Male selbst und denke dir »Zählfragen« aus. Viel Spaß!

- ____________________
- ____________________
- ____________________
- ____________________
- ____________________
- ____________________
- ____________________

Vorgänger und Nachfolger

Zahlenbillard

Lies zuerst die Zahlenreihe bis 10.

1 2 3 4 5 6 7 8 9 10

Decke nun die Zahlenreihe mit einem Tuch ab
und beantworte die Fragen aus dem Gedächtnis:

- **Welche Zahl kommt nach der 7?** ◯
- **Welche Zahl kommt vor der 5?** ◯
- **Zwischen welchen Zahlen steht die 4?** ◯ 4 ◯
- **Welche Zahlen müssen hier ergänzt werden?**

4 ____ 6

7 8 ____ 10

____ 7 ____

____ ____ 9 ____

____ ____ ____ ____ 7

____ 2 ____ ____ ____

Schmuckbänder

Pack deine Buntstifte aus,
denn Muster zeichnen macht Spaß!
Wiederhole die vorgegebenen Zeichen
möglichst oft in der richtigen Reihenfolge.

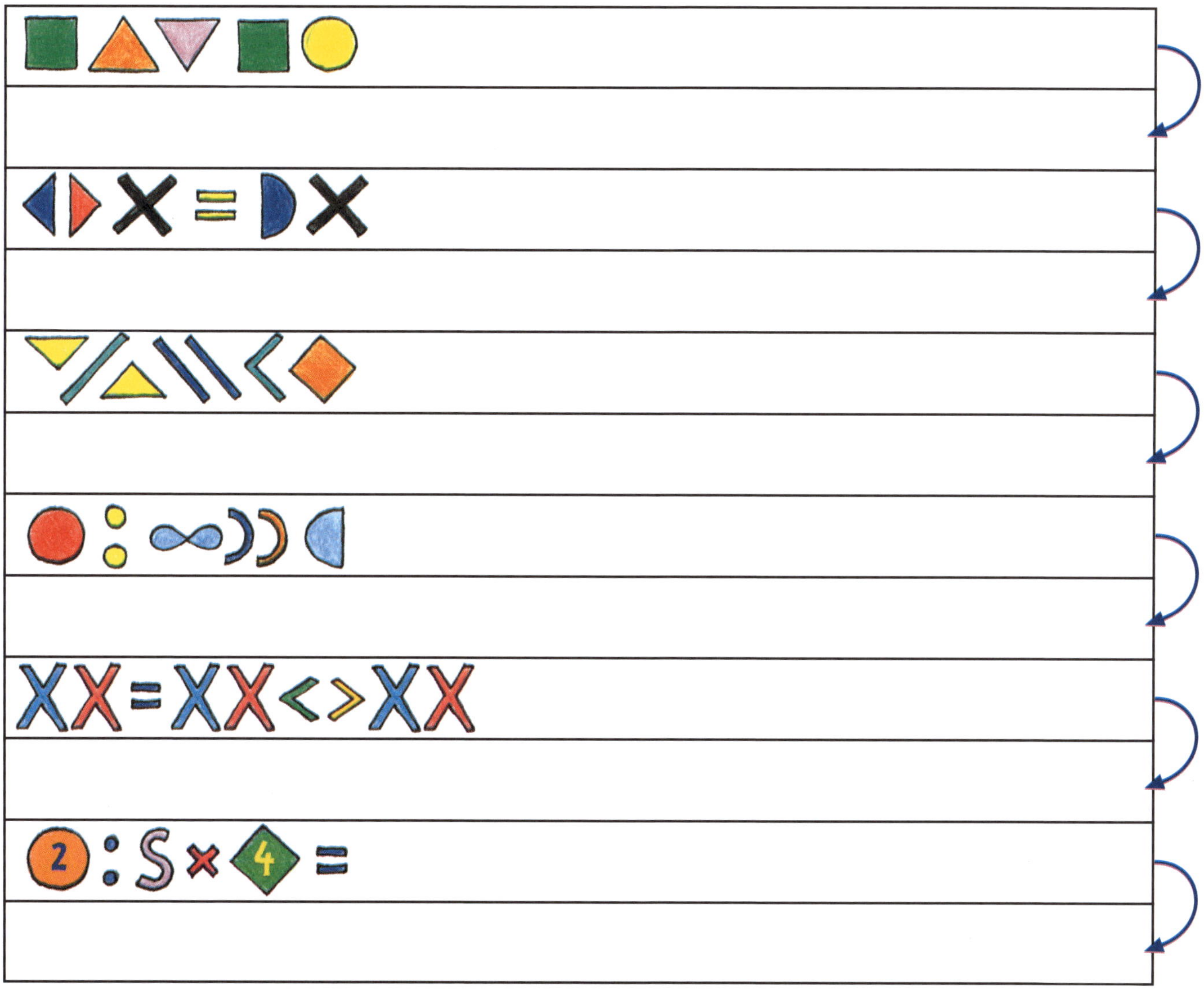

Erfinde dein eigenes Muster.

Mengen bis 10

Schuhe aus – Bausteine auf den Tisch – Tuch um die Augen! Deine Eltern legen auf dem Boden mit dem Sprungseil eine Zahl. Fühle mit den Händen oder Füßen, welche Zahl es ist!
Dann lässt du dich zu den Bausteinen führen und zählst die entsprechende Anzahl von Steinen ab.
Tauscht dann die Rollen.

Zahlenbilder

Durch die Erfindung der Zahlen sparst du dir viel Arbeit. Statt
☼☼☼☼ **schreibst du kurz: 4;**
☆☆☆☆☆☆ **schreibst du kurz: 6.**

Schreibe die passende Zahl dazu:

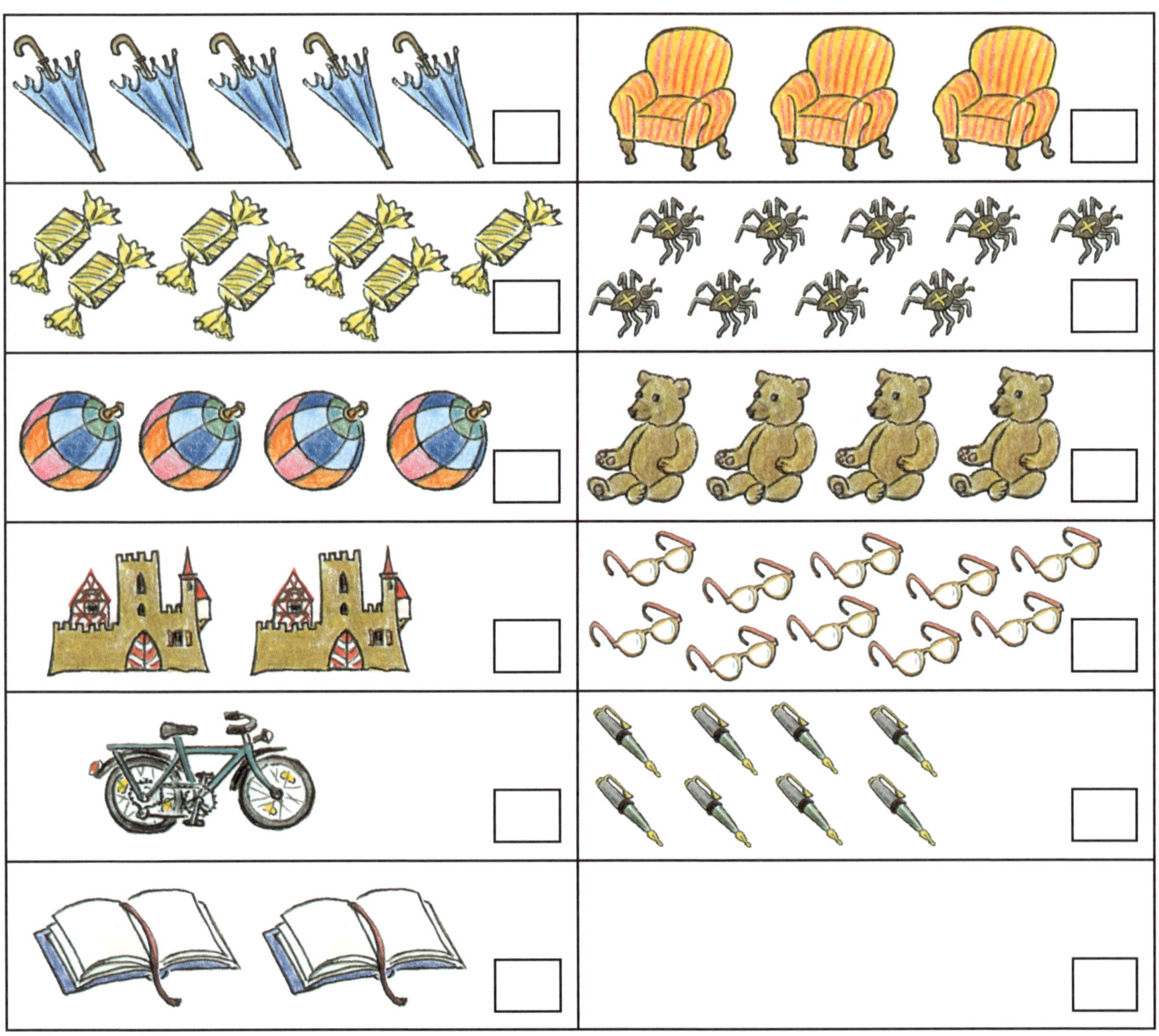

Abkürzungen

Würde es keine Ziffern geben, müsstest du viel zeichnen. Versuchen wir es einmal? Hier sind die Zahlen und du zeichnest ein passendes Bild dazu.

2	
6	
3	
9	
10	
5	
1	

Besorge dir verschiedene Gegenstände wie Steckbausteine, Münzen, Nüsse, Nudeln, Äpfel … Du schaust weg und deine Mutter oder dein Vater legt 2 unterschiedlich große Häufchen der Gegenstände auf den Tisch. Nun sagst du, in welchem Häufchen mehr oder weniger Gegenstände sind oder welche Menge größer oder kleiner ist. Beispiel: »Im linken Häufchen sind mehr Gegenstände als im rechten.« Oder: »Die linke Menge ist größer als die rechte.«

Größer und kleiner

Beim Arbeiten auf dem Papier gibt es Zeichen, um den Vergleich von Mengen oder Größen auszudrücken: das Kleiner-(<) und das Größer-(>)Zeichen.

Der Vogel hilft dir, die Zeichen nicht zu verwechseln:

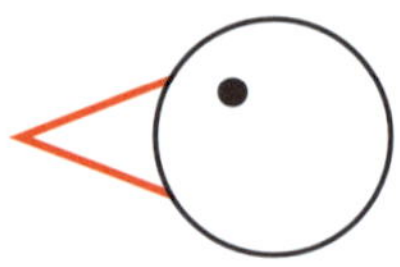

Kleiner: Schnabel zu!

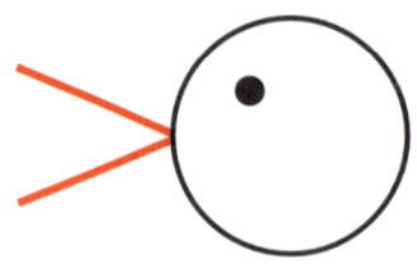

Größer: Schnabel auf!

	>	
Eine Katze	**ist größer** als	eine Maus.
	<	
Eine Maus	**ist kleiner** als	eine Katze.

Eine Schnecke	**ist kleiner** als	ein Koalabär.

Ein Dinosaurier	**ist größer** als	Denke dir etwas aus!

Größer und kleiner

Ein Schäferhund	**ist größer** als	eine Katze.
Zeichne selbst!		
	ist kleiner als	ein Elefant.

Ein Pferd		ein Schäferhund.

Ein Marienkäfer		eine Schnecke.

Ein Fußball		ein Tennisball.

Menge blauer Steine		Menge roter Steine.
6		2
Die Zahl 6		die Zahl 2.
4		8

Lustiger Bauernhof

Du kannst bei Plusaufgaben die Zahlen vertauschen.
Das Ergebnis bleibt gleich.
Solche Aufgaben heißen **Tauschaufgaben**.

6 + 2 = ___	2 + 6 = ___

3 + ___ = ___	4 + ___ = ___

___ + ___ = ___	___ + ___ = ___

___ + ___ = ___	___ + ___ = ___

Schaukelfreuden

Wie viele Kinder sitzen auf der Wippe?
Male und rechne!

4 + 3 = ___	3 + 2 = ___
	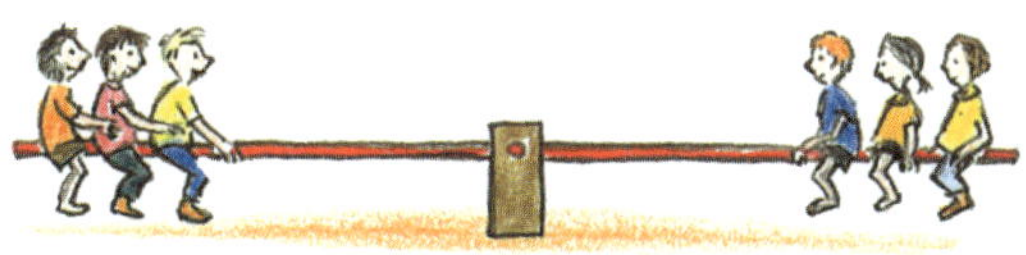
___ + ___ = ___	___ + ___ = ___

4 + 3 = ___	3 + 5 = ___

___ + ___ = ___	___ + ___ = ___

Lege 10 Steckbausteine, einen Eierkarton und die Papp-Zahlen aus diesem Heft bereit. Ziehe – ohne zu schauen – eine Papp-Zahl und schiebe sie neben den offenen Eierkarton. Nun füllst du mit den Bausteinen den Karton so auf, dass die Steine und der Wert deiner Papp-Zahl zusammen immer 10 ergeben.

Naschkatzen

Schreibe in jeden Kreis, wie viele Pralinen einmal in der Schachtel waren. Danach malst du die fehlenden Pralinen dazu und schreibst die passende Rechnung darunter.

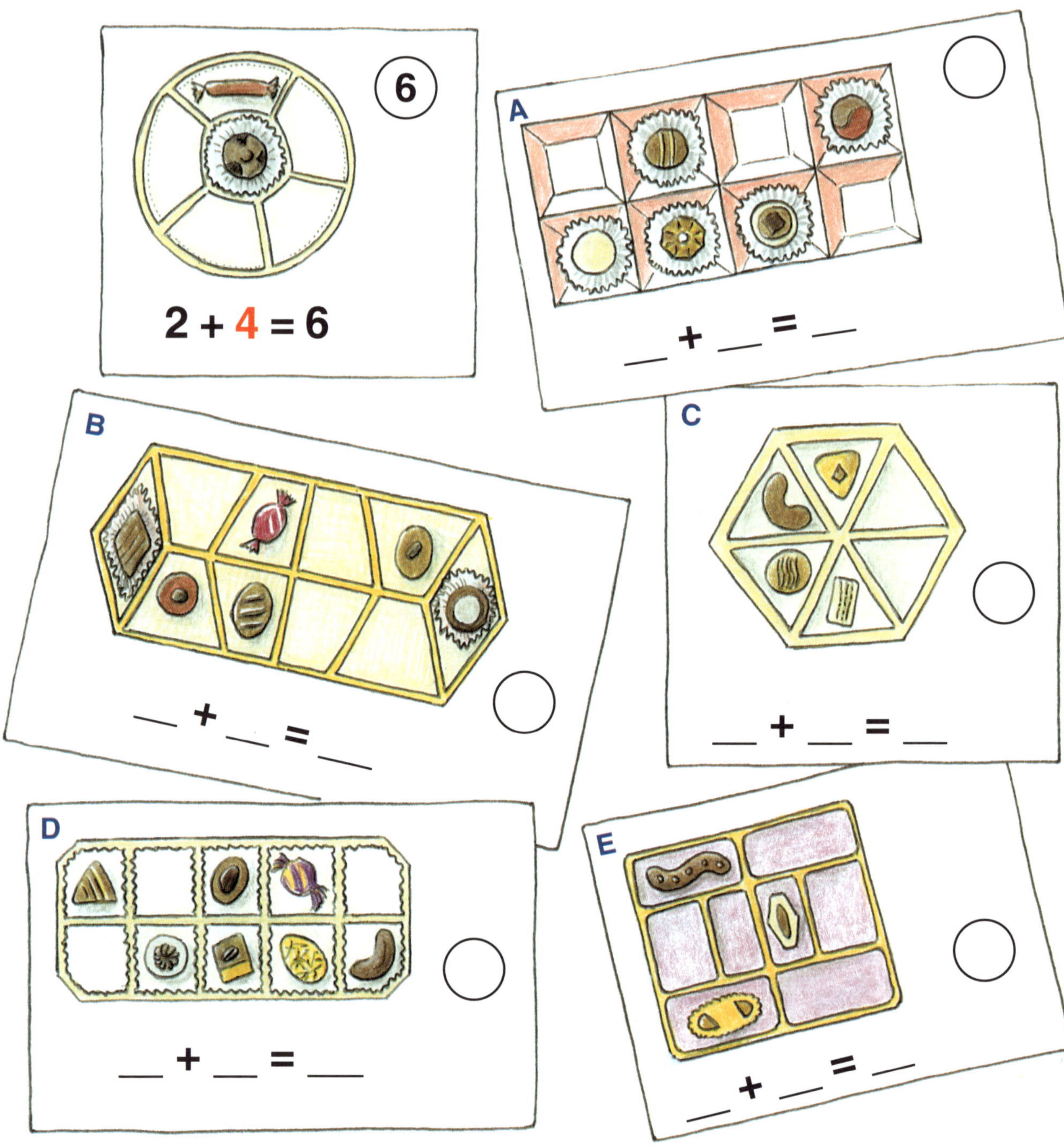

Sechser-Packungen

Was fehlt in jeder Sechser-Packung? Male die fehlenden Gegenstände in jede Packung und schreibe beide Rechenmöglichkeiten auf.

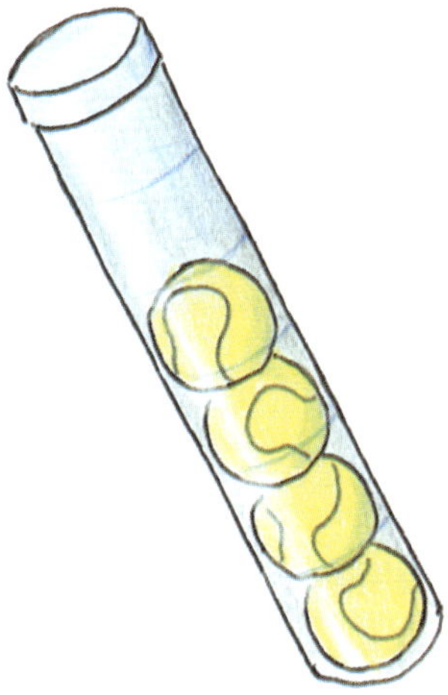

$4 + 2 = 6$

$6 - 2 = 4$

___ + ___ = 6

6 − ___ = ___

____

____

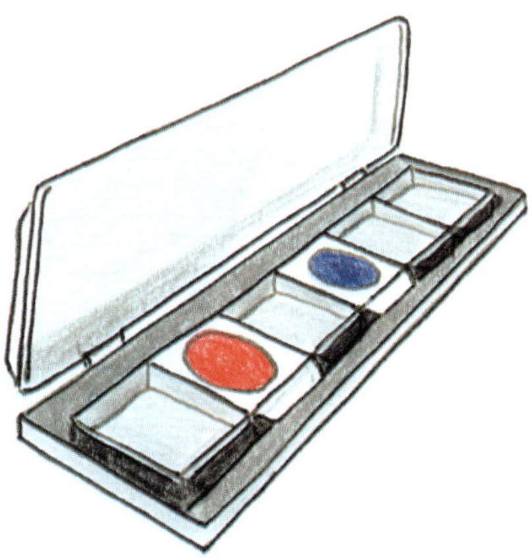

____

____

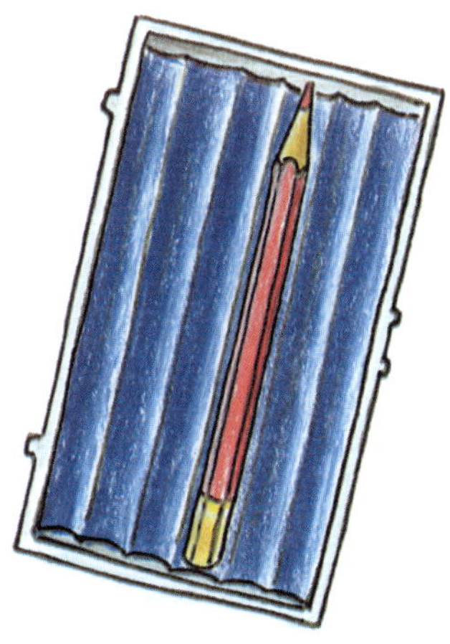

____

____

Die hungrige Raupe

Die Raupe Blinki frisst nicht nur Blätter, sondern auch Obst. Oh Schreck, sie hat sich über Mutters Obstvorräte hergemacht und schon eine Menge vertilgt. Vervollständige die Rechnungen!

Das war im Korb:	So viel hat die Raupe gefressen:	Also bleiben übrig:

5	– 3	= 2

	– 2	=
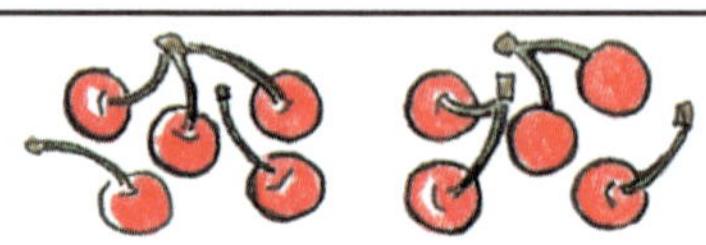	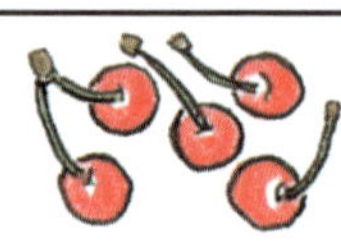	
	–	=

	– 6	=
5	–	= 0

	– 4	= 3

Stell dir vor, deine Arme sind Windmühlenflügel – strecke sie aus. Lass dir von deinen Eltern mündlich Rechenaufgaben stellen. Rechne im Kopf und zeige das Ergebnis mit deinen Fingern an.

Windmühlenspiel

Jetzt wird es windig! Auf jedem Windmühlenflügel steht eine Zahl. Zähle jeweils die mittlere Zahl hinzu oder ziehe sie ab. Die Ergebnisse schreibst du in die Kreise neben den Windmühlenflügeln.

A

B

C

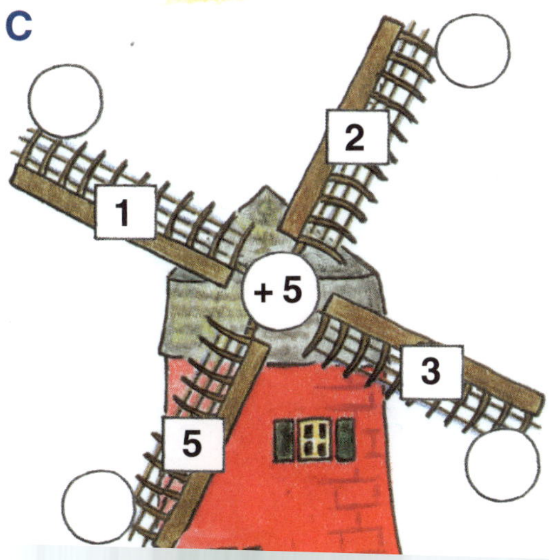

D

Besorge dir verschiedene Gegenstände wie Steckbausteine, Münzen, Murmeln, Nüsse, Besteckteile und vieles mehr. Deine Eltern legen anfangs 6 Gegenstände auf den Tisch. Du schaust sie dir genau an – dann drehst du dich um. Einige Sachen werden weggenommen und du musst herausfinden, wie viele fehlen. Weißt du auch, welche Sachen fehlen?

Wurfbude

Wie viele Dosen stehen noch?
Male die noch stehenden Dosen farbig aus.
Schreibe die passende Rechnung dazu!

8 – 2 = 6

Lustiges Kegelspiel

Male die noch stehenden Kegel farbig aus.
Schreibe die passende Rechnung auf!

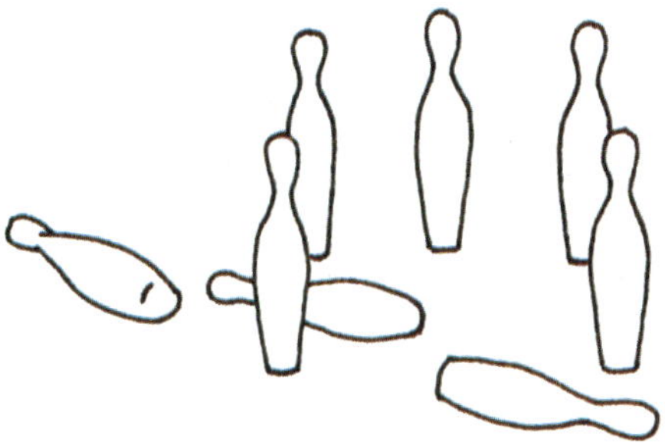

9 – 3 =

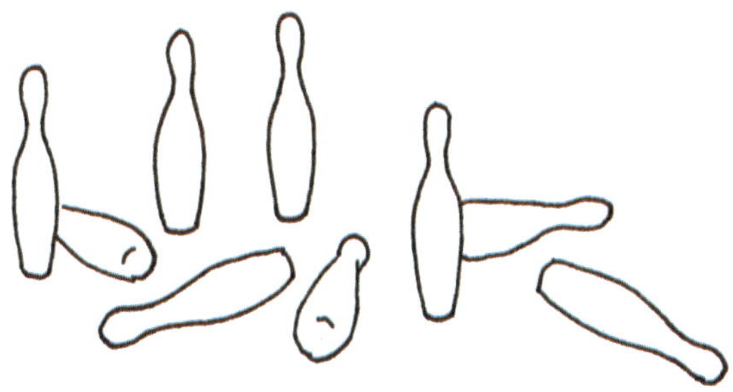

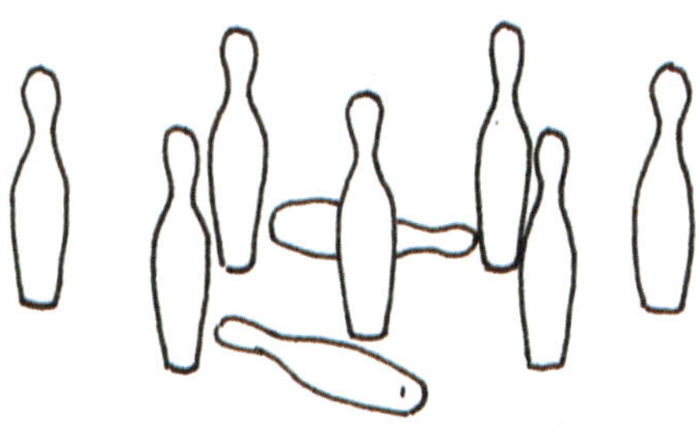

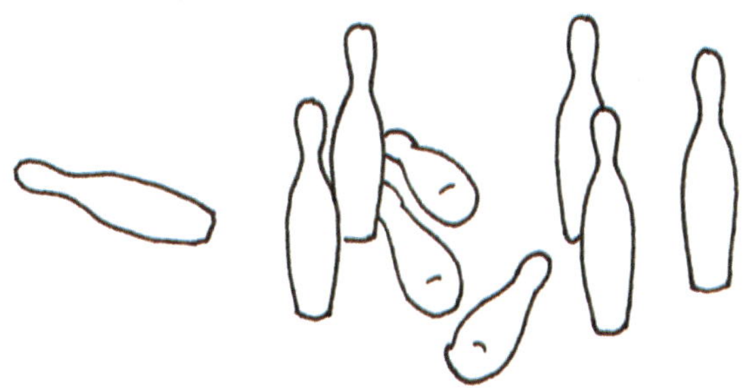

Zusammenzählen und abziehen bis 10

Fehler suchen

In Krokos Beeten gedeiht alles prächtig.
Er will die Pflanzen abzählen, aber eine Biene stört ihn dauernd.
So hat er sich manchmal verzählt! Welche Zahlen sind falsch?
Wie viel musst du hinzuzählen oder abziehen, damit das Ergebnis stimmt?

Die Zehnerblume

Wer schafft den Zehner im Sauseschritt? Ergänze immer auf 10. Male die fehlenden Gegenstände dazu. Schreibe auch die Rechnung auf.

3 + □ = 10

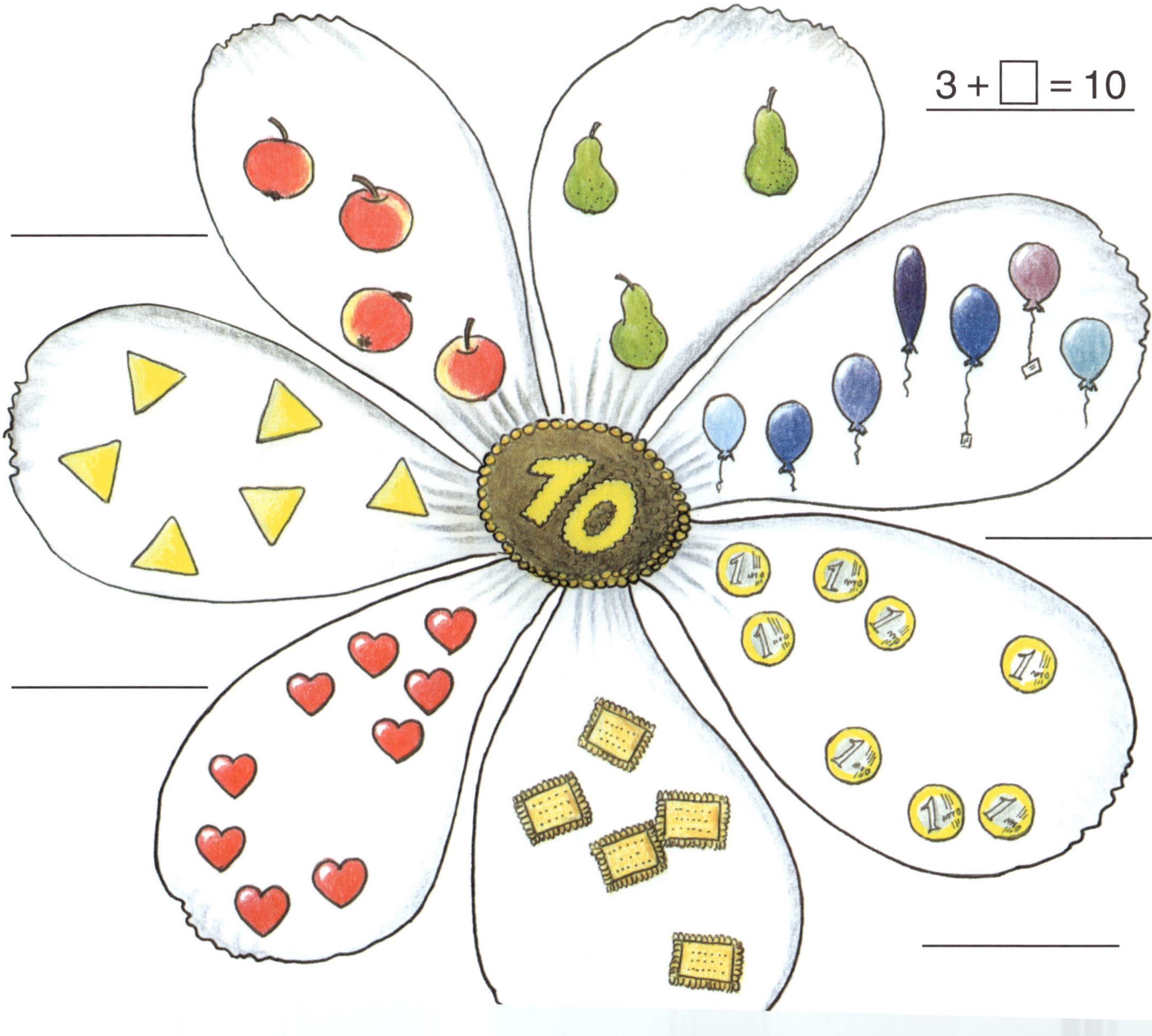

Jeder besorgt sich einen Kochlöffel. Du fängst an und klopfst eine Zahl zwischen 1 und 5. Deine Mutter (oder dein Vater) hört gut zu und klopft **zweimal** so oft wie du. Sie klopft also das **Doppelte**. Danach ist deine Mutter an der Reihe, sie klopft eine Zahl und du wiederholst ihre Zahl **zweimal**.

Spiegel-Zauberei

Wenn du einen Apfel vor den Spiegel hältst, siehst du – Simsalabim! – plötzlich 2 Äpfel. **Verdopple** auch du, indem du das Spiegelbild malst!

Möchtest du einmal ein Zauberer sein?
Abrakadabra – verdopple die Birnen!
Schreibe die passenden Rechenaufgaben dazu.

2 + ☐ = ☐ 3 + ☐ = ☐ 4 + ☐ = ☐

Erfinde noch zwei Verdopplungsaufgaben:

☐ + ☐ = ☐ ☐ + ☐ = ☐

Du brauchst Steckbausteine
und Papp-Zahlen von 1 bis 5.
Jemand zeigt dir eine Papp-Zahl.
Du legst die doppelte Menge
Bausteine daneben.

Alles doppelt

Zeichne ein passendes Bild und schreibe die passenden Rechnungen.

2 + 2 = 4	5 + 5 =	3 +	4 +
2 · 2 = 4	2 · =	2 ·	

3 + 3 = 6	1 + 1 = 2	5 + 5 = 10	2 + 2 = 4
2 · 3 = 6	2 · 1 = 2	2 · 5 = 10	2 · 2 = 4

		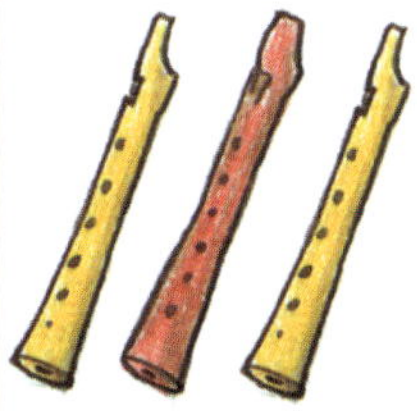	
	4 + 4 = 8		
2 · 3 = 6			2 · 5 = 10

		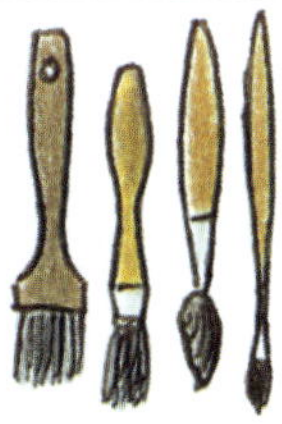	
	[illegible]		3 + 3 = 6

Freue dich: Jetzt gibt es ein Rechenspiel für deinen Magen.
Wenn das Ergebnis stimmt, darfst du naschen.

1. Durchgang: Es liegen 10 Gummibärchen auf dem Tisch.
   Du sollst mit deiner Mutter (oder deinem Vater) **gerecht teilen**.
2. Durchgang: Eine Tüte Nüsse liegt auf dem Tisch.
   Deine Eltern nennen dir teilbare Zahlen von 2 bis 10.
   Du nimmst danach **die Hälfte** der Zahl aus der Tüte.

Gerechtes Teilen

Wenn zwei Freunde ihre Bonbons gerecht teilen, schreibt man »**: 2**«.
Der Haufen wird **halbiert** – es gibt also 2 gleiche Häufchen.
Halbiere und schreibe die Rechenaufgabe dazu:

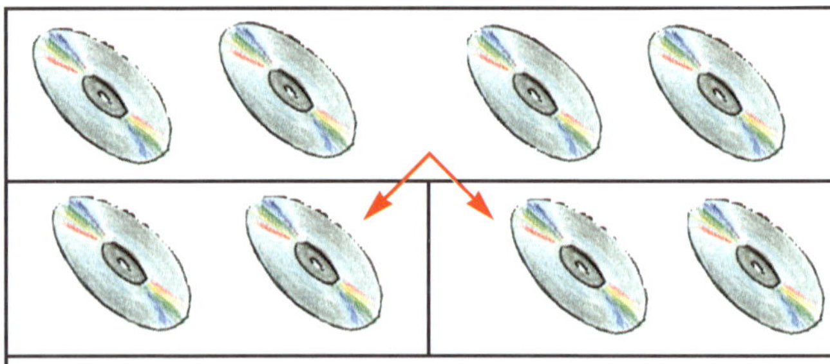

4 : 2 = 2
(jeder bekommt 2 CDs)

: 2 =
(jeder bekommt ____ Bücher)

10 : 2 = 5

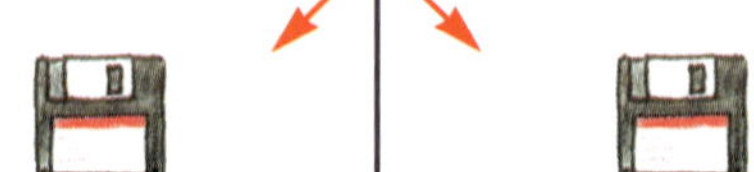

2 : 1 =

Für Könner

Jetzt kannst du es. Rechne und male!

● ● ● ● ● ●			
● ● ●	● ● ●		
6 : 2 = 3		8 : 2 =	

● ● ● ● ● ● ● ● ● ●			
	● ● ● ● ●	●	
: 2 = 5		= 1	

● ● ● ●	
● ●	● ●
=	

✉ ✉ ✉ ✉ ✉	✉ ✉ ✉ ✉ ✉	✏ ✏ ✏	✏ ✏ ✏
✉ ✉ ✉ ✉ ✉ ✉ ✉ ✉ ✉ ✉			
5 + 5 = 10		3 + 3 =	
2 · 5 = 10		2 · 3 =	

☆ ☆ ☆ ☆			
		✂ ✂	
4 + 4 =		= 2	
=		= 2	

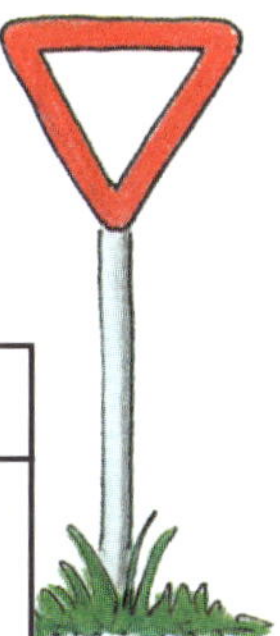

☺ ☺ ☺ ☺ ☺ ☺ ☺ ☺ ☺ ☺			
= 10		2 + 2 =	

Tag für Tag begegnen dir viele »Rechengeschichten«. Stell dir vor, du sollst für 2 Personen den Frühstückstisch decken. Du verteilst 2 Müslischalen, 2 Löffel und 2 Tassen.
Wie viele Teile sind jetzt auf dem Tisch?

Rechengeschichten

Textaufgaben sind Rechengeschichten.
Kleiner Tipp: Mit einer passenden Zeichnung lässt sich die Rechnung leichter finden!
Ergänze hier jeweils, was vergessen wurde.

Geschichte	Zeichnung	Rechnung
Der Verkäufer hatte 8 Luftballons. Leider sind ihm 3 entwischt.		8 – [3] = ☐
4 Schwalben sitzen auf der Stromleitung. 2 Schwalben fliegen dazu.		4 + [2] = ☐
7 Kinder stehen schon vor der Schule. 3 Kinder mit Fahrrädern kommen gerade dazu.		7 + ☐ = ☐
Ina hat sich Fische für ihr Aquarium gewünscht. 2 Fische hatte sie schon, nun bekommt sie …		2 + [4] = ☐
7 Enten schwimmen im Stausee …		☐ – ☐ = ☐

Lösungen:

Seite 3: Papa 4 Zahlen: 0, 2, 3, 5; Melissa 6 Zahlen: 0, 1, 2, 4, 6 (9), 8; Steffi 7 Zahlen: 1, 2, 3, 4, 5, 6 (9), 8; **Ingo** ist der **Sieger** mit 8 Zahlen: 0, 1, 2, 4, 5, 6 (9), 7, 8

Seite 4: Du musst die Steine 3, 4, 6, 9, 10 aus der Reihe nehmen.

Seite 5: Elefant: 1. Tier; Schwein: 2. Tier; Giraffe: 3. Tier; Löwe: 4. Tier; Kuh: 5. Tier; Affe: 6. Tier; Zebra: 7. Tier; Pinguin: 8. Tier; Panda: 9. Tier; Krokodil: 10. Tier

Seite 6: Hähnchen: 2 Münzen; Zuckerwatte: 3 Münzen; Eis: 0 Münzen; Popcorn: 2 Münzen; Hamburger: 2 Münzen; Hotdogs: 3 Münzen

Seite 7: Schnurri ist rechts oben zu sehen. a) 10 Katzen; b) 7 Hunde; c) 3-mal Hase; d) 5 Tiere schauen nach links

Seite 8: **Lustige Herde:** 7 schwarze Schafe; 4 Schafe schauen nach rechts; 10 Schafe schauen nach links; 7 Schafe mit Hörnern
Tiere im Garten: 3 gelbe Schmetterlinge; 5 Schmetterlinge insgesamt, 5 Grashüpfer; 10 Ameisen; 4 Bienen; nicht gefragt: Schnecke

Seite 9: **Im Aquarium:** nicht im Aquarium: Fischgericht (mit Zitronenscheiben); 8 Fische schwimmen nach rechts; 7 schwimmen nach links; 8 Fische mit Streifen; 5 rote Fische

Seite 10: 7-**8**; **4**-5; **3**-4-**5**; 4-**5**-6; 7-8-**9**-10; **6**-7-**8**; **7**-**8**-9-**10**; **3**-**4**-**5**-**6**-7; **1**-2-**3**-**4**-**5**

Seite 12:

5 3	7 9	4 4	2 10	1 8	2 0

Seite 14: Schnecke < Koalabär;
Dinosaurier > ?

Seite 15: Schäferhund > Katze;
? < Elefant;
Pferd > Schäferhund;
Marienkäfer < Schnecke;
Fußball > Tennisball;
Menge blauer Steine < Menge roter Steine;
6 > 2; 4 < 8

Seite 16:
$6+2=8$ $2+6=8$
$3+4=7$ $4+3=7$
$5+4=9$ $4+5=9$
$4+2=6$ $2+4=6$

Seite 17:
$4+3=7$ $3+2=5$
$5+5=10$ $3+3=6$
$4+3=7$ $3+5=8$
$3+5=8$ $2+2=4$
$5+4=9$ $5+3=8$

Seite 18:
A) $5+3=8$
B) $6+4=10$
C) $4+2=6$
D) $7+3=10$
E) $3+5=8$

Seite 19: Eier: $3+3=6$
$6-3=3$
Flaschen: $5+1=6$

Ich habe diese Karte aus dem Heft:

BINGO® logo-
Förderspiele bei Rechenschwäche 1

❍ Dieses Heft war ein Geschenk.
❍ Ich habe es mir selbst ausgesucht/gekauft. (Wo?)

An/in diesem Heft gefällt mir:

Das finde ich nicht gut:

Mein Verbesserungsvorschlag/meine Idee:

Diese Karte geht an:

Wasserfarben: 2 + 4 = 6, 6 – 4 = 2   Kerzen: 5 + 1 = 6, 6 – 1 = 5   Malstifte: 1 + 5 = 6, 6 – 5 = 1

Seite 20:
5 – 3 = 2
6 – 2 = 4
10 – 5 = 5
8 – 6 = 2
5 – 5 = 0
7 – 4 = 3

Seite 21: A) 4 10 / 8 6   B) 6 4 / 2 0   C) 6 7 / 10 8   D) 4 2 / 0 3

Seite 22: 8 – 2 = 6; 8 – 6 = 2; 8 – 5 = 3; 8 – 4 = 4; 8 – 3 = 5; 8 – 7 = 1

Seite 23: 9 – 3 = 6; 9 – 2 = 7; 9 – 6 = 3; 9 – 5 = 4; 9 – 4 = 5; 9 – 8 = 1

Seite 24: Salatköpfe: + 2; lila Blumen: – 2; Radieschen: + 1; Kohlrabi: – 3; Tomaten: – 1; Zwiebeln: 0 ; hellblaue Blumen: + 2; Karotten: + 9

Seite 25: Birnen: 3 + 7 = 10; Ballons: 7 + 3 = 10; Euro: 8 + 2 = 10; Kekse: 5 + 5 = 10; Herzen: 9 + 1 = 10; Dreiecke: 6 + 4 = 10; Äpfel: 4 + 6 = 10

Seite 26: 2 + 2 = 4; 3 + 3 = 6; 4 + 4 = 8

Seite 27:

2 + 2 = 4 2 · 2 = 4	5 + 5 = 10 2 · 5 = 10	3 + 3 = 6 2 · 3 = 6	4 + 4 = 8 2 · 4 = 8
3 + 3 = 6 2 · 3 = 6	4 + 4 = 8 2 · 4 = 8	3 + 3 = 6 2 · 3 = 6	5 + 5 = 10 2 · 5 = 10
1 + 1 = 2 2 · 1 = 2	2 + 2 = 4 2 · 2 = 4	4 + 4 = 8 2 · 4 = 8	3 + 3 = 6 2 · 3 = 6

Seite 28: 4 CDs = 2 für jeden;
6 Bücher = 3 für jeden;
4 Kuchenstücke = 2 für jeden;
8 Erdbeeren = 4 für jeden;
10 ? = 5 für jeden;
2 Disketten = 1 für jeden

Seite 29:

6 : 2 = 3 10 : 2 = 5 4 : 2 = 2	8 : 2 = 4 2 : 2 = 1

5 + 5 = 10 2 · 5 = 10	3 + 3 = 6 2 · 3 = 6
4 + 4 = 8 2 · 4 = 8	1 + 1 = 2 2 · 1 = 2
5 + 5 = 10 2 · 5 = 10	2 + 2 = 4 2 · 2 = 4

Seite 30: 8 – 3 = 5; 4 + 2 = 6; 7 + 3 = 10; … nun bekommt sie noch 4 dazu, denn 2 + 4 = 6; 2 tauchen unter: 7 – 2 = 5

bitte ausreichend frankieren

ENSSLIN-Verlag
Leserumfrage
Harretstraße 6

D-72800 Eningen

Absender:
Name: ____
Vorname: ____
Straße: ____
PLZ-Ort: ____